BIBLIOTHÈQUE DU PREMIER AGE

BAZAR EN IMAGES
PREMIÈRES LEÇONS
ALPH DES VACANCES
CONTES DES FÉES
AVENT^re DE DAME TROTTE
P^re HISTOIRE SAINTE
FABLES DE FLORIAN
ANIM^x INDUSTRIEUX
TRIBULATIONS DE GOODY
FREDAINES D'UN SINGE

ANIMAUX INDUSTRIEUX

BIBLIOTHÈQUE DU PREMIER AGE

LES

ANIMAUX INDUSTRIEUX

OUVRAGES DU MÊME FORMAT

ALPHABET DES VACANCES.

FABLES DE FLORIAN.

CHOIX DE FABLES DE LA FONTAINE.

FREDAINES D'UN SINGE ET DAME TROTTE.

FRIDOLIN, HISTORIETTE.

PETIT BAZAR EN IMAGES.

DAME TROTTE.

MÈRE GOODY.

CONTES DES FÉES.

LA PREMIÈRE LEÇON.

PETITE HISTOIRE SAINTE.

PROMENADES AU JARDIN DES PLANTES.

PARIS. — IMP. SIMON RAÇON ET COMP., RUE D'ERFURTH, 1.

La petite fille et le Serpent.

LES
ANIMAUX INDUSTRIEUX

RECUEIL

D'ANECTODES ET DE NOTICES CURIEUSES

SUR

L'INSTINCT ET LA SAGACITÉ DES ANIMAUX

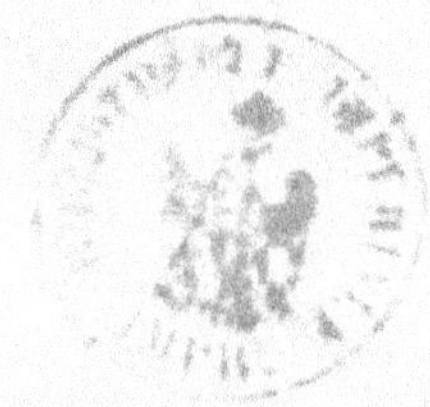

PARIS

AMÉDÉE BÉDELET, ÉDITEUR

20, RUE DES GRANDS-AUGUSTINS, 20

1860

LES

ANIMAUX INDUSTRIEUX

LA PETITE FILLE ET LE SERPENT

Près d'Amboy, en Amérique, dans le Jersey, une petite fille avait coutume, dès qu'elle avait reçu son déjeuner, de se rendre près du tronc d'un vieux arbre, dans la cavité duquel un énorme serpent avait choisi son domicile. On observa l'enfant, et l'on s'aperçut qu'elle donnait au reptile une partie de son déjeuner; d'abord elle prenait deux ou trois cuillerées de lait pour elle-même, et en donnait ensuite une au serpent, qui, souvent, la tête appuyée sur ses genoux, attendait patiemment sa ration, et, quand il ne la recevait pas à son tour, et qu'il avançait sa tête pour s'en emparer, l'enfant alors lui donnait un léger coup de cuiller. Les parents furent effrayés de cette singulière amitié ; ils guettèrent le serpent et le tuèrent sans pitié. La pauvre petite ne put résister à ce chagrin, qui la conduisit au tombeau.

Dévouement maternel d'une Cigogne.

DÉVOUEMENT D'UNE CIGOGNE POUR SES PETITS

La cigogne, d'un naturel doux, n'est ni défiante ni sauvage. Elle fréquente les villes, et dans quelques-unes elle se promène dans les rues et y cherche sa nourriture parmi les restes des tables; elle purge les champs des reptiles et des insectes, et, pour cette raison, elle est protégée en Hollande. Dans la Belgique, les gens du peuple se croient menacés de quelque malheur si la cigogne manque de revenir habiter le nid qu'elle a construit sur leur maison.

On attribue à la cigogne plusieurs vertus morales, et particulièrement l'amour maternel.

Dans l'incendie de la ville de Delft, une cigogne qui avait son nid sur une des maisons de cette ville fit tous ses efforts pour enlever ses petits. Enfin, n'ayant pu réussir à les sauver, cette pauvre mère ne put se décider à les abandonner, et se laissa brûler avec eux.

LE LION D'ANDROCLÈS

Parmi les traits qui constatent la générosité et la reconnaissance de ce superbe animal, l'histoire du lion d'Androclès mérite assurément la première place.

Androclès, réduit en esclavage chez un sénateur, s'était réfugié dans une caverne, pour se soustraire aux injustes châtiments de son maître; il y aperçut un énorme lion qui vint à lui d'un air suppliant. Cet animal avait une forte épine dans une patte. Androclès hasarde de la lui tirer : il y réussit, et le lion guérit.

Les Romains étaient dans l'usage barbare de faire combattre des hommes contre des bêtes sauvages. L'esclave, ayant été pris, fut conduit à Rome, et destiné à l'un de ces combats cruels. Le premier adversaire qu'on lança contre lui fut le lion même dont il avait pansé la blessure. Aussitôt cet animal furieux s'adoucit, et vint caresser son bienfaiteur, à la grande surprise des spectateurs. Androclès alors raconta son aventure, qui intéressa tellement, que l'empereur lui accorda sa liberté ; et lui donna le lion avec lequel il fit une fortune, en allant montrer ce généreux animal dans toutes les villes d'Italie.

LE CHAT ET LE PERROQUET

Le kakatoès blanc à huppe jaune est un des plus doux et des plus aimables, il reconnait son maître et lui obéit parfaitement.

Un de ces kakatoès avait pour compagnon un jeune chat fort doux ; il avait pris le chat en telle affection, qu'il ne pouvait se passer de lui. Il ne pouvait, au contraire, souffrir l'approche d'un chien, commensal du même logis. A force d'avoir entendu répéter un nom qu'on avait donné au chat, son ami, il l'avait retenu, et, lorsque celui-ci était endormi, et que le kakatoès voulait l'éveiller et le provoquer à un jeu de courses auquel tous deux s'exerçaient souvent, il tournait autour du chat, en articulant son nom, d'abord d'un ton assez bas, haussant ensuite la voix, et l'élevant enfin aussi haut qu'il le pouvait. Lorsque l'appel ne suffisait pas pour éveiller le chat, le kakatoès le tirait doucement par les poils, et même par le bout de la queue ou des oreilles ; le chat, en s'éveillant, allongeait sur le kakatoès un coup de patte qui était une caresse ; il se levait, et tous deux se mettaient à courir l'un après l'autre. Si on leur jetait une boule, ou tout autre jouet, ils se le disputaient, se l'enlevaient, l'emportaient et le reprenaient, mais sans jamais se faire aucun mal. Enfin, ces deux animaux, quoique d'espèce différente, vécurent toujours en parfaite intelligence.

Il serait à désirer qu'il en fût de même chez les hommes, qui sont tous frères, et qui savent si bien prêcher la morale.

La Lionne et le petit chien

LA LIONNE ET LE PETIT CHIEN

La lionne, parfait modèle d'affection maternelle, est susceptible de s'attacher à des animaux d'autre espèce. Plusieurs chiens ont vécu familièrement avec des lions, et l'on a vu à la ménagerie du Jardin des Plantes, à Paris, une lionne qui avait dans sa loge un barbet qu'on lui avait donné pour société. Elle l'aimait beaucoup, et se plaisait à ses jeux ; elle s'amusait de ses caprices, et, sensible à ses caresses, attentive à ses besoins, elle était satisfaite quand elle l'avait auprès d'elle, et marquait une grande tristesse lorsqu'on le lui ôtait quelques moments. La lionne oublie le danger et combat jusqu'à la dernière extrémité pour protéger et défendre ses petits, qu'elle aime avec une tendresse excessive.

LE SINGE DU PÈRE CABASSON

Le père Cabasson avait un petit singe, qui lui était si attaché, qu'il ne le quittait jamais, de sorte qu'il fallait l'enfermer chaque fois que le père allait à l'église. Il s'échappa une fois, et, s'étant allé cacher au-dessus de la chaire du prédicateur, il ne se montra que quand son maître commença à prêcher ; pour lors, il s'assit sur le bord, et, regardant les gestes du prédicateur, il les imita avec des grimaces et des postures qui faisaient rire tout le monde. Le père Cabasson reprit d'abord ses auditeurs, puis entra ensuite dans une sainte colère. Ses mouvements plus violents ne firent qu'augmenter les grimaces et les attitudes grotesques du singe et le rire de l'assemblée. Enfin, on avertit le saint père de ce qui se passait au-dessus de sa tête ; il ne put s'empêcher de rire lui-même, et ajourna son discours.

La bonne Chèvre.

LA BONNE CHÈVRE

Madame L*** avait, depuis deux mois, une jolie petite fille qu'elle essayait infructueusement de nourrir elle-même. Cette jeune mère se désespérait de son peu de santé, qui allait l'obliger de confier à une autre une tâche qui faisait tout son bonheur. Enfin, l'enfant dépérissait, et il fallait se résigner, lorsque la bonne Marguerite, la fille du jardinier, vint offrir pour nourrice sa belle chèvre blanche ; on ne balança pas à présenter l'enfant à la chèvre, qui l'accueillit comme ses propres petits, et ne cessa de lui témoigner la plus tendre affection. L'enfant criait-il, la pauvre bête, fût-elle au bout du jardin, accourait aussitôt auprès de son nourrisson pour lui prodiguer ses soins. Cette bonne nourrice fut un modèle de sollicitude et de tendresse maternelle. Aussi était-elle chérie de tout le monde dans le château, où elle mourut de vieillesse, regrettée comme une amie de la maison.

LE CHIEN DE MONTARGIS

Un gentilhomme nommé Macaire,envieux de la faveur que le roi Charles V accordait à Aubry de Montdidier, le surprit dans un bois, le tua et l'enterra. Le chien qni accompagnait Aubry ne quitta pas sa tombe, si ce n'est pour veuir à Paris prendre sa nourriture chez les amis deson maître; il s'en retournait aussitôt en hurlant. Ce manége excita la curiosité : on le suivit et on retrouva le corps du malheureux Aubry.

La fureur que témoignait le chien à la vue de Macaire *le* fit soupçonner d'être l'assassin ; on l'accusa, il nia ; alors un combat singulier fut ordonné entre l'homme et le chien : le premier eut un bâton pour sa défense, le second un tonneau pour retraite ; entré en lice, le chien sauta à la gorge de son adversaire qui cria merci, il avoua son crime et fut envoyé au gibet.

Le Chien victime de sa fidélité.

LE CHIEN VICTIME DE SA FIDÉLITÉ

Un négociant, auquel il était dû de l'argent, monta un jour à cheval pour l'aller chercher; il était accompagné de son chien. Il mit cet argent dans un sac qu'il attacha au pommeau de sa selle et se remit en route. Après avoir fait plusieurs lieues, ce négociant descendit de cheval pour se reposer et détacha son sac d'argent de sa selle; il le mit à côté de lui, sous une haie, mais il oublia de le prendre en remontant. Ce bon chien, s'apercevant de l'oubli du négociant, alla pour chercher le sac, qui malheureusement était trop lourd pour lui : il recourut vers son maître, en aboyant et hurlant de toutes ses forces pour l'avertir; mais le négociant, absorbé dans ses réflexions, ne comprit pas ce langage. Enfin, après avoir longtemps cherché à arrêter le cheval, ce zélé serviteur se mit à mordre les talons du cavalier, qui, effrayé de cet acte, s'imagina que son chien était enragé; craignant pour ses propres jours, il prit un pistolet dans l'une de ses fontes, et le tira, quoique avec bien des regrets, sur ce pauvre animal, qui tomba blessé et baigné dans son sang. Le négociant, le cœur navré, avait déjà fait beaucoup de chemin, lorsqu'il s'aperçut que son sac lui manquait. Alors, il se rendit au galop à l'endroit où il s'était arrêté pour se reposer. Il y trouva son malheureux chien, qui s'était traîné sur le sac oublié, et qui, malgré ses souffrances, veillait encore à sa sûreté. Lorsqu'il vit son maître, il lui témoigna sa joie en agitant sa queue, lécha la main qui lui avait porté le coup de la mort, et expira.

Les Lapins.

LES LAPINS

Le lapin a plus de sagacité et plus de ressources que le lièvre pour échapper à ses ennemis. Il se creuse un terrier où il habite en sûreté avec sa famille, où il élève ses petits, et d'où il ne les fait sortir que lorsqu'ils sont tout à fait élevés. La paternité paraît être respectée chez ces animaux ; l'on remarque beaucoup de déférence et de subordination de la part de toute la famille pour son chef. Les lapins, trop faibles pour pouvoir se défendre contre leurs ennemis, sont toujours inquiets : aussi ont-ils soin de s'avertir réciproquement. Le premier qui aperçoit le danger frappe la terre, et fait avec ses pieds de derrière un bruit dont les terriers retentissent au loin. Alors tous rentrent précipitamment. Les vieilles femelles restent les dernières sur le trou, et frappent du pied sans relâche, jusqu'à ce que la famille soit rentrée.

LE CHIEN ET LE VOLEUR

Un paysan, employé dans une ferme, avait su se concilier la confiance de son maître. Il lui arrivait souvent de porter des sacs de blé de la grange à la maison, pour l'usage de la famille.

Un soir, cet homme, que le chien connaissait bien, vint à la grange, dans l'intention de voler un sac de blé. Le chien l'accompagna très-tranquillement tout le temps qu'il suivit le chemin qui mène de la grange à la maison ; mais, quand il le vit prendre la route qui conduit au village, il le saisit par son habit et ne voulut pas le quitter ; L'homme chercha inutilement à se débarrasser du chien ; il essaya même de retourner à la grange avec le blé ; mais le chien ne lui permit pas de bouger. Dans cette cruelle alternative, le voleur fut forcé de rester toute la nuit avec le sac d'un côté, et de l'autre le chien, qui le tenait toujours, mais sans le mordre ou lui faire le moindre mal. Le lendemain matin tout fut découvert, et le voleur, après avoir fait franchement l'aveu de sa faute, fut trop heureux d'obtenir son pardon.

Le Coq et les Poules.

LE COQ ET LES POULES

Le coq, par ses qualités et son courage, digne d'être maître absolu de la basse-cour, a beaucoup de soin et même d'inquiétude et de souci pour ses poules ; il ne les perd jamais de vue ; il les conduit, les défend, va chercher celles qui s'écartent, les ramène, et ne se livre au plaisir de manger que lorsqu'il les voit toutes réunies autour de lui. Sa jalousie est égale à sa tendresse, et l'aspect d'un autre coq dans son domaine est le signal d'une bataille, dont la fin doit être la mort de l'un des deux.

La poule qui couve est l'emblème touchant de la tendresse et de la sollicitude maternelles ; elle en oublie presque le boire et le manger. On en a vu se laisser mourir sur leurs œufs. Au bout de trois semaines, les petits sortent de la coquille, et la poule, jusque-là poltronne et vorace, devient, pour protéger ses petits, le plus sobre et le plus hardi de tous les animaux.

LES FOURMIS

Toutes les fourmis d'Europe vivent en société comme les abeilles. Elles bâtissent en terre un nid dans lequel on voit des appartements ménagés avec art. Les unes forment des fondations, en pétrissant la terre avec une matière visqueuse qui sort de leur corps; d'autres dressent des brins de bois pour soutenir la toiture; enfin, d'autres mettent des pièces de bois en travers, et entrelacent le tout avec des roseaux et de l'herbe sèche. Une personne vit un jour une fourmi trainer un brin de bois, lequel, eu égard à sa taille, était une poutre; elle se vit obligée de franchir une hauteur et se trouva presque accablée par le fardeau. Trois ou quatre de ses compagnes vinrent alors l'aider à soulever la pièce de bois. Ce même morceau était plus gros d'un bout que de l'autre, il s'accrocha entre deux morceaux de bois. La fourmi fit précisément ce que ferait un homme en pareil cas : elle se mit par derrière, retira le brin de bois du côté le plus mince, puis, l'attirant de nouveau par l'extrémité, elle le fit passer sans peine.

L'ORANG-OUTANG

L'orang-outang que possédait la ménagerie du Jardin des Plantes n'avait que onze mois, sa taille était de trois pieds et demi lorsqu'il était debout. C'est dans une relâche prolongée à Sumatra qu'on se procura ce curieux animal; il vint de Nantes à Paris dans le coupé d'une diligence, en société avec l'armateur et son aide.

Cet animal, lent, grave et réfléchi, était d'une douceur extrême. Logé dans l'étage supérieur des singes, il vivait dans l'intimité avec le gardien de ces animaux, qui lui confiait ses enfants; il les prenait sur ses genoux, les berçait, et même, lorsqu'ils jouaient de manière à lui faire du mal, il s'en débarrassait avec la plus grande précaution. Il mangeait à table; il se servait très-bien d'une cuiller, et, si les ragoûts n'étaient pas de son goût, il les salait; enfin, il circulait par toutes les chambres, ouvrait les portes avec la clef, sans jamais se tromper de côté. Il était d'une force prodigieuse. Le seul moyen de s'en débarrasser, lorsqu'il vous empoignait en jouant, était de le chatouiller derrière le cou. Nous ne devons plus nous étonner de ce que rapporte Buffon de son orang-outang qui marchait toujours debout sur ses pieds, même en portant des choses lourdes ; cet animal présentait sa main pour reconduire les personnes qui venaient le visiter ; il se promenait gravement avec elles et comme de compagnie. Je l'ai vu, dit ce savant naturaliste, s'asseoir à table, déployer sa serviette, s'en essuyer les lèvres, se servir de la cuiller et de la fourchette pour porter à sa bouche, verser lui-même sa boisson dans un verre, le choquer lorsqu'il y était invité, aller prendre une tasse et une soucoupe, l'apporter sur la table, y mettre du sucre, y verser du thé, le laisser refroidir pour le boire... Enfin, ces animaux se plient tellement à nos habitudes, qu'on s'en sert quelquefois comme de domestiques.

Les Castors.

LES CASTORS

Le castor est doué d'un instinct extraordinaire pour bâtir. Ces animaux, doux et industrieux, se réunissent en communauté de deux à trois cents, se divisent ensuite par tribus et se construisent, avec un art infini, des maisons sur les ruisseaux et au milieu des étangs. Ils viennent à bout de renverser de très-gros arbres, en les sciant avec leurs dents ; ils en séparent les plus fortes branches, qui leur servent pour faire un pilotis sur lequel ils construisent leurs maisonnettes, qu'ils recouvrent d'une espèce de mastic fait de glaise, de terre et de sable, avec autant d'habileté qu'un maçon. Les cabanes des castors communiquent l'une dans l'autre ; elles peuvent contenir chacune quatre familles. Ils y emmagasinent de la mousse, dont ils se nourrissent. Les castors ne sauraient vivre sans eau ; aussi disposent-ils leurs chambres de façon que la partie inférieure de leur corps y plonge à leur gré, tandis qu'ils tiennent l'autre appuyée sur deux pattes à la fenêtre ; c'est dans cette singulière attitude que ces animaux restent des journées entières.

M. Dupratz, dans un de ses voyages à la Louisiane, eut l'occasion d'observer de près des castors : s'étant approché de leur digue, et y ayant pratiqué une rigole, il se retira aussitôt près de là.

A peine l'eau commença-t-elle à faire du bruit en passant par cette rigole, qu'un castor sortit, plongea dans l'eau et remonta ensuite sur la chaussée pour examiner le dégât. Il frappa alors de toutes ses forces quatre coups bien distincts avec sa queue. A ce signal, la société entière des castors arriva sur la chaussée. Lorsqu'ils furent tous réunis, l'un d'eux parut donner des ordres, et tous se séparèrent dans différentes directions. Quelques-uns de ces castors formèrent du mortier assez ferme, que d'autres charrièrent sur leur queue jusqu'à la chaussée, où d'autres l'attendaient pour le recevoir ; ceux-ci le mirent dans la gouttière et l'y enfoncèrent à grands coups de queue, et, le dommage étant réparé, ils rentrèrent dans leurs cabanes.

LES RATS DE M. DE LATUDE

M. de Latude, si célèbre par son échelle, qu'il fit avec le fil de ses chemises, et à l'aide de laquelle il descendit des tours de la Bastille, où il fut si longtemps retenu prisonnier, était cruellement tourmenté dans son cachot par une foule de rats qui ne lui laissaient aucun repos. Lorsque ce malheureux prisonnier dormait, les rats couraient sur son visage et lui faisaient des morsures qui lui causaient les douleurs les plus aiguës. Dans l'impossibilité où il était de s'en débarrasser, il résolut de s'en faire des amis, et, pendant les trente-cinq ans de sa captivité, il ne dut qu'à eux la seule distraction qu'il pût éprouver. En effet, M. de Latude en avait apprivoisé une vingtaine, qui étaient devenus ses commensaux et sa société ; ils étaient si familiers, qu'ils se laissaient caresser. Souvent M. de Latude s'amusait de leurs jeux ; il n'y avait que les rats de cette famille qui habitassent sa prison ; tous les étrangers qui se présentaient étaient fort mal reçus ; il fallait qu'ils se battissent avec les premiers qu'ils rencontraient. Dès que les deux champions étaient en présence, ils paraissaient juger de leur force au premier coup d'œil ; alors le plus fort claquait des dents, et le plus faible se mettait à crier en reculant en arrière, sans tourner le dos, dans la crainte que son adversaire ne sautât dessus et ne le mordit. D'un autre côté, dit M. de Latude, le plus fort n'attaque jamais de front, parce qu'alors il s'exposerait à se faire crever les yeux. Le moyen qu'il emploie est ingénieux et plaisant : il met sa tête entre ses pattes de devant, et fait la culbute deux ou trois fois, jusqu'à ce que le milieu de son dos vienne frapper le museau de son ennemi ; celui-ci alors cherche à fuir ; l'autre choisit ce moment pour le saisir ; il se cramponne dessus, et quelquefois ils se battent avec acharnement : si quelques autres rats se trouvent présents, ils restent spectateurs du combat ; jamais ils ne se mettent deux contre un.

LE CHIEN DE TERRE-NEUVE

Les chiens de cette espèce sont, sans contredit, les plus remarquables par les bonnes qualités dont ils sont éminemment pourvues. En 1803, près de Camberwell, des enfants jouaient le long d'une petite rivière qui ressemble assez à notre rivière de Bièvre; ils s'amusaient à faire aller de petits bateaux sur l'eau : un d'eux y tomba et avait déjà disparu; il allait périr infailliblement, lorsqu'un chien de Terre-Neuve, qui l'aperçut, s'élança dans l'eau, saisit l'enfant par ses vêtements, et le ramena sur le bord, où il le déposa avec beaucoup de précaution, et le lécha; il resta auprès de lui jusqu'à ce qu'il fût entièrement remis. Les autres enfants qui, effrayés par le danger, avaient pris la fuite, revinrent et comblèrent de caresses le sauveur de leur petit camarade.

L'ÉLÉPHANT ET LE TAILLEUR

L'éléphant est d'un naturel très-doux ; toutefois on prétend qu'il se souvient toujours des offenses et s'en venge tôt ou tard. A ce sujet, l'on raconte que dans l'Inde, où cet animal vit dans une sorte de domesticité, un tailleur qui demeurait près de l'abreuvoir où l'on menait tous les jours un éléphant se désaltérer avait la coutume de lui donner chaque fois une friandise. L'animal ne manquait jamais de venir passer sa trompe par la croisée de son ami pour réclamer le don quotidien. Un jour le tailleur eut la méchante idée de lui donner un coup de son aiguille ; l'éléphant retira froidement sa trompe sans marquer de colère ; mais, revenu de l'abreuvoir et repassant devant celui qui l'avait ainsi mystifié, il lui lança violemment au visage toute l'eau qu'il avait gardée à cet effet. Son ressentiment pourrait souvent s'exercer d'une manière plus funeste.

L'ARABE ET SON CHEVAL

Depuis la conquête d'Alger par l'armée française, un cavalier arabe, qui combattait dans ses rangs comme auxiliaire, eut le malheur d'être fait prisonnier par des Arabes d'une tribu ennemie de celle dont il faisait partie, qui, au lieu de lui couper la tête, selon leur coutume, le réservèrent probablement pour un supplice plus cruel : ils l'emmenèrent dans leur camp, et, après lui avoir attaché les pieds et les mains, ils le déposèrent près de leur tente, après avoir également mis des entraves à son cheval, pour qu'il ne pût s'éloigner. Pendant la nuit, et tandis que les Arabes étaient livrés au sommeil, le malheureux prisonnier se rapprocha peu à peu de son cheval, et fit tant avec ses dents, qu'il parvint à dénouer les cordes qui lui attachaient les jambes, puis, satisfait d'avoir rendu la liberté à son noble compagnon, et comme s'il eût pu le comprendre, il lui dit : « Retourne auprès de ma femme et de mes enfants, qui, lorsqu'ils te verront revenir seul, penseront bien que je suis mort ; mais il me reste des vengeurs, et cette idée me fera trouver la mort moins pénible. » Cet animal généreux, comme s'il eût compris ce que lui disait son maître, le saisit par sa ceinture et l'emporta jusqu'à sa tribu, éloignée de plusieurs lieues du camp des Arabes : mais, épuisé de fatigue et par l'effort surnaturel qu'il avait fait pour sauver son maître, à peine était-il arrivé qu'il mourut.

TABLE DES MATIÈRES

www.ingramcontent.com/pod-product-compliance
Ingram Content Group UK Ltd.
Pitfield, Milton Keynes, MK11 3LW, UK
UKHW022139170726
13837UKWH00004B/1668